用刺绣线编织的
幸运手链112款

日本宝库社　编著

如鱼得水　译

U0341354

河南科学技术出版社

·郑州·

目 录

MISANGA

手链编织基础

在编织手链之前先了解一下这些基础知识吧!

材料和工具

①25号刺绣线
这是最流行、色数最丰富的刺绣线。
1束线的长度约8m。

②夹子
夹住刺绣线的端头起固定作用。

③透明胶带
将刺绣线固定在操作台上。

④剪刀
剪断刺绣线时使用。

⑤锥子
编错的时候,用它解开线结很方便。

⑥卷尺
测量刺绣线的长度时使用。

⑦直尺
测量刺绣线的长度和手链的尺寸时使用。

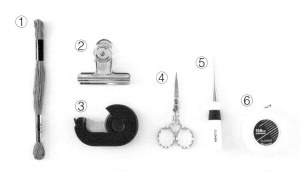

使用方法

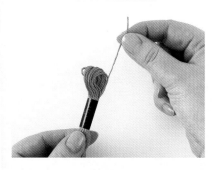

刺绣线
拿着线束,将线头拉出。6根细线合成的一股线可以直接当作1根线使用。

锥子
将锥子的尖端插入编错的线结中,挑着将其解开。

手链的正面和反面

正面　　**反面**

本书中,将有条纹的一面当作正面,以此绘制编结方法图。使用时,也可以将能够看清线结的反面当作正面。

关于记号

在编结方法图中,圆圈表示线结;和圆圈连着的线表示芯线;圆圈旁边断开的线表示用来编结的线,即编线。

斜卷结
(芯线从右上方向左下方行进)
▶ p.6

斜卷结
(芯线从左上方向右下方行进)
▶ p.14

横卷结
▶ p.36、37

竖卷结
▶ p.40、41

右雀头结
▶ p.15

左雀头结
▶ p.15

01

斜纹图案

这是使用最基本的编结方法"斜卷结"编成的手链。如果想编织手链，就从这条开始吧。

01

斜卷结

Level ★☆☆☆☆

[材料]

COSMO 25号刺绣线

A ○ ：薄荷绿色（ 897 ）100cm×3根
B ● ：桃红色（ 835 ）100cm×3根
C ◉ ：薰衣草色（ 262 ）100cm×3根

01

[成品尺寸]
约30cm

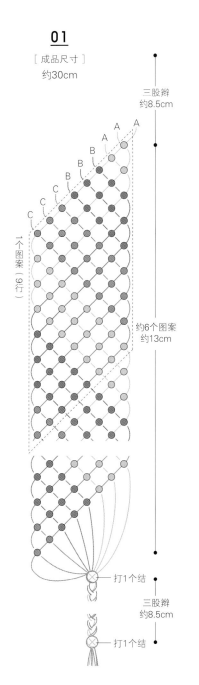

三股辫
约8.5cm

1个图案（9行）

约6个图案
约13cm

打1个结

三股辫
约8.5cm

打1个结

斜卷结的符号　芯线从右上方向左下方行进

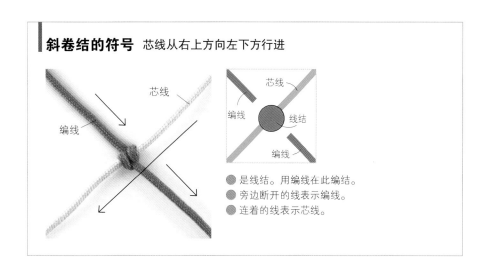

芯线

编线

芯线

编线　　线结

编线

● 是线结。用编线在此编结。
● 旁边断开的线表示编线。
● 连着的线表示芯线。

编结起点　※为便于理解，使用粗线示范。

留15cm长

夹子

abcdefghi

1　将刺绣线剪成指定长度，按照配色顺序排列好，用夹子夹住固定。线头留15cm长，用编三股辫的方法编织。

透明胶带

2　为便于操作，用透明胶带将刺绣线固定在操作台上。

5

第1行

斜卷结（芯线从右上方向左下方行进）

3 最右边为芯线，左边挨着芯线的线为编线。右手拿着编线，左手拿着芯线，使芯线在编线上方。

4 将编线从芯线上方绕过，用编线和芯线做1个线圈。

5 将编线从线圈中拉出。

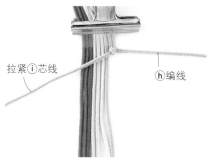

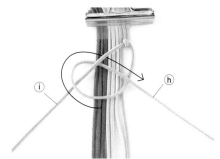

6 一边拉紧左手的芯线，一边慢慢拉紧编线。

7 重复步骤4~6，右手的编线绕过芯线，从线圈中拉出。

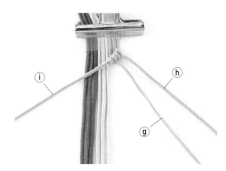

8 一边拉紧左手的芯线，一边慢慢拉紧编线。第1个斜卷结完成。

9 下面编第2个结。左手依然拉着芯线，右手拉着ⓖ编线。按照步骤4~8的方法编结。

10 第2个斜卷结完成。拉紧编线时，手劲要保持稳定、均匀，这样线结才会整齐漂亮。

第2行

11 左手继续拉着ⓘ芯线，编线依次从ⓕ变成ⓐ。第1行的8个结完成。

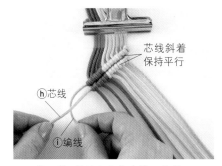

12 编织第2行时，最右边的ⓗ线成为新的芯线。左手拿着芯线，使芯线在ⓖ编线上方。重复步骤4~8。

13 按照ⓖ~ⓐ的顺序依次编织编线，最后把最左边的ⓘ线（第1行的芯线）用作编线，编1个结。新的芯线和上一行的芯线斜着保持平行。

第3行以后

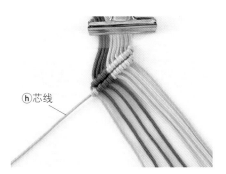

14 第2行的8个结完成。ⓗ芯线变成最左边的线。

15 将最右边的线作为芯线，逐行编结，就会出现优美的三色斜纹图案。线结相互平行，整齐而美观。

NG

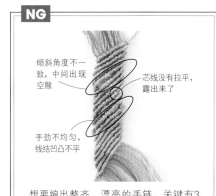

倾斜角度不一致，中间出现空隙

芯线没有拉平，露出来了

手劲不均匀，线结凹凸不平

想要编出整齐、漂亮的手链，关键有3点：和上一行倾斜角度一致、拉平芯线、手劲均匀。编结的时候，要时时想着这三点。

端头的处理方法

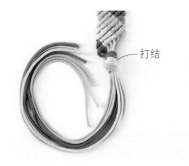

打结

16 编完所需要的长度（13cm）后，将所有的线打1个结。

编8.5cm长的三股辫

17 将9根线均分成3股，编8.5cm长的三股辫。

打结

1.5~2cm

18 将所有的线打1个结，将线头修剪整齐。将手链从操作台上取下，按照相同的方法，将编织起点处的线头也打1个结并编三股辫。

02

Level ★☆☆☆☆

[材料]

COSMO 25号刺绣线

A ⬤ : 薄荷绿色（ 897 ）100cm × 3根
B ◯ : 柠檬黄色（ 299 ）100cm × 3根

02

[成品尺寸]
约31cm

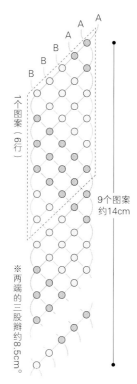

1个图案（6行）

9个图案
约14cm

※两端的三股辫约8.5cm。

03

Level ★☆☆☆☆

[材料]

COSMO 25号刺绣线

A ⬤ : 深粉色（ 2115 ）100cm × 3根
B ◯ : 浅米色（ 365 ）100cm × 3根

03

[成品尺寸]
约31cm

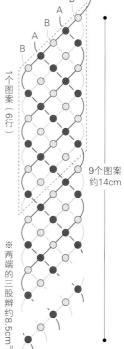

1个图案（6行）

9个图案
约14cm

※两端的三股辫约8.5cm。

04

Level ★☆☆☆☆

[材料]

COSMO 25号刺绣线
A ◎：浅米色（365）100cm × 2根
B ○：柠檬黄色（299）100cm × 6根

04

[成品尺寸]

约30.5cm

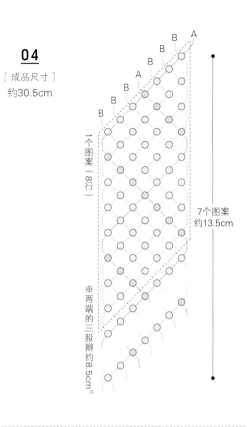

1个图案（8行）

7个图案
约13.5cm

※两端的三股辫约8.5cm。

05

Level ★☆☆☆☆

[材料]

COSMO 25号刺绣线
A ◎：薄荷绿色（897）100cm × 2根
B ●：薰衣草色（262）100cm × 4根

05

[成品尺寸]

约31cm

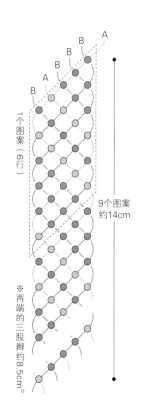

1个图案（6行）

9个图案
约14cm

※两端的三股辫约8.5cm。

06

Level ★☆☆☆☆

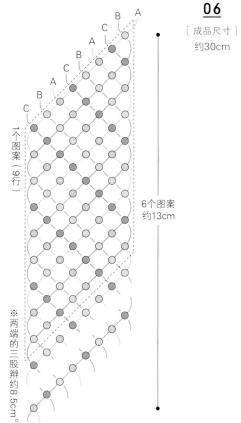

06

[成品尺寸]
约30cm

1个图案（9行）

6个图案
约13cm

※两端的三股辫约8.5cm。

[材料]
COSMO 25号刺绣线
A ◯ : 深薄荷绿色（898）100cm×3根
B ◯ : 灰米色（382）100cm×3根
C ● : 浅粉色（104）100cm×3根

07

Level ★☆☆☆☆

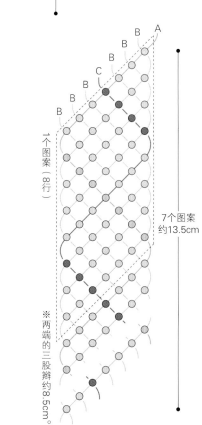

1个图案（8行）

7个图案
约13.5cm

※两端的三股辫约8.5cm。

07

[成品尺寸]
约30.5cm

[材料]
COSMO 25号刺绣线
A ◯ : 宝石绿色（335）100cm×1根
B ◯ : 灰蓝色（733）100cm×6根
C ● : 深灰褐色（716）100cm×1根

08

Level ★☆☆☆☆

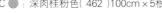

[材料]

COSMO 25号刺绣线

A ● : 深灰褐色（716）100cm×2根
B ● : 灰藏蓝色（735）100cm×2根
C ● : 深肉桂粉色（462）100cm×5根

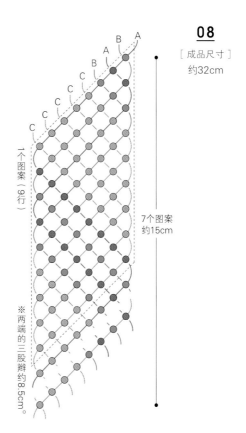

08

[成品尺寸]
约32cm

1个图案（9行）

7个图案
约15cm

※两端的三股辫约8.5cm。

09

Level ★☆☆☆☆

[材料]

COSMO 25号刺绣线

A ● : 深薄荷绿色（898）100cm×2根
B ● : 浅粉色（104）100cm×2根
C ● : 浅薄荷绿色（333）100cm×5根

1个图案（9行）

6个图案
约13.5cm

※两端的三股辫约8.5cm。

09

[成品尺寸]
约30.5cm

V 形图案

从中心向左侧、右侧编织斜卷结，就
会形成 V 形图案。

10

V 形图案

Level ★★☆☆☆

[材料]

奥林巴斯 25号刺绣线

A ● : 橙色(174)100cm×2根

B ○ : 莴苣绿色(243)100cm×2根

C ◍ : 浅绿色(253)100cm×2根

10

[成品尺寸]

约30cm

三股辫
约8.5cm

A A
B B
C C

1个图案（3行）

约17个图案
约13cm

打1个结

三股辫
约8.5cm

打1个结

斜卷结的符号 芯线从左上方向右下方进行

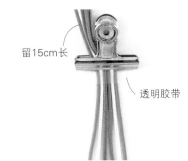

芯线

编线

芯线

线结　编线

编线

● 是线结。用编线在此编结。

● 旁边断开的线表示编线。

● 连着的线表示芯线。

编结起点 ※为便于理解，使用粗线示范。

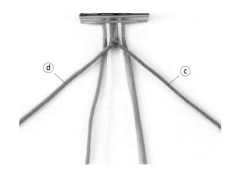

留15cm长

透明胶带

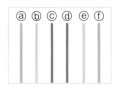
ⓐ ⓑ ⓒ ⓓ ⓔ ⓕ

1 将刺绣线剪成指定长度，按照配色顺序排列好，用夹子和透明胶带固定住。线头留15cm长，用编三股辫的方法编织。

ⓓ　　　ⓒ

3 第1个斜卷结完成。

第 1 行

ⓒ编线　　ⓓ芯线

2 按照左边编结方法图中的①、②、③……序号依次编结，从中心开始编结。右手拿着ⓒ编线，左手拿着ⓓ芯线，使芯线在编线上方，编织斜卷结（参照p.6步骤**4~8**）。

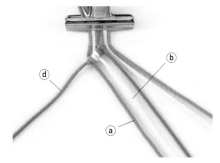

ⓓ　　　ⓑ

ⓐ

4 继续编结。左手依然拉着ⓓ芯线，右手拉着的编线依次变成ⓑ、ⓐ。左侧的3个结完成。

斜卷结（芯线从左上方向右下方行进）

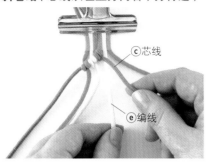

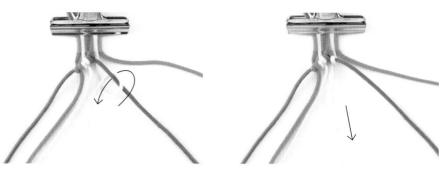

5 第4、5个结向右下方编织。ⓒ线为芯线，
   右边的ⓔ线为编线。右手拿着ⓒ芯线，
   左手拿着ⓔ编线，使芯线在编线上方。

6 将编线从芯线上方绕过，用编线和芯线
   做1个线圈。将编线从线圈中拉出。一
   边拉紧右手的芯线，一边慢慢拉紧编线。

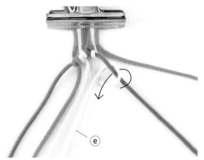

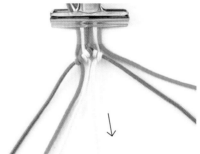

7 按照步骤6的方法，
   让编线绕过芯线，
   从线圈中拉出。

8 拉紧编线，芯线被
   遮住。1个斜卷结
   完成。

9 继续用右手拿着ⓒ芯线，用ⓕ编线按照
   步骤5~8的方法继续编织斜卷结。

第2行以后

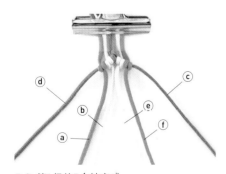

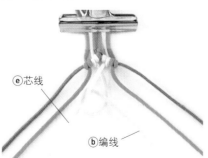

10 第1行的5个结完成。

11 下一行也从中心向两侧编结。第6个结
    以ⓔ线为芯线，以左边的ⓑ线为编线进
    行编织，向左下方行进。

12 左手依然拉着ⓔ芯线，右手拉着的编线
    按照ⓐ~ⓓ的顺序依次变换。

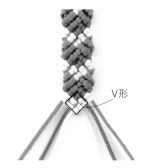

V形

打结

13 从中心向左侧编结时，像步骤**2**那样用左手拿着芯线向左下方编织；从中心向右侧编结时，像步骤**5~8**那样用右手拿着芯线向右下方编织，这样就形成了V形图案。

14 编完所需要的长度（13cm）后，按照p.13的编结方法图编4个结，使端头呈V形。

15 将所有的线打1个结，按照p.7步骤**16~18**的方法编织三股辫后，打结并修剪整齐。

 雀头结 ┃ 编结时，芯线交互位于编线的上方、下方。编的时候一直朝一个方向编结。

左雀头结（用左边的线编结）

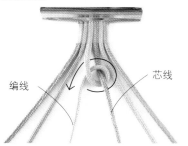

编线　　芯线

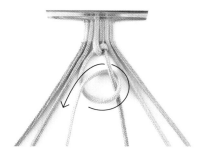

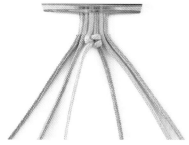

1 将左边的编线从右边芯线下方绕上来打个结，然后拉紧。

2 将编线从芯线上方绕下去打个结，然后拉紧。

3 左雀头结完成。

右雀头结（用右边的线编结）

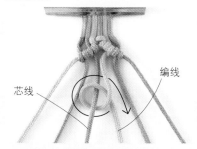

芯线　　　编线

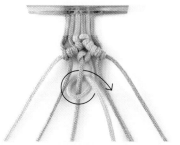

1 将右边的编线从左边芯线下方绕上来打个结，然后拉紧。

2 将编线从芯线上方绕下去打个结，然后拉紧。

3 右雀头结完成。

11

Level ★★☆☆☆

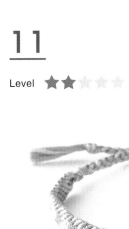

[材料]

COSMO 25号刺绣线
A ⬤：肉桂粉色（ 852 ）100cm × 4根
B ○：浅黄绿色（ 315A ）100cm × 4根

11

[成品尺寸]
约30cm

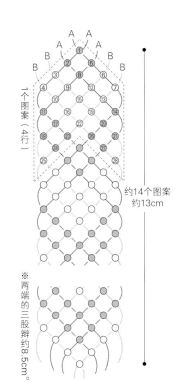

1个图案（4行）

约14个图案
约13cm

※两端的三股辫约8.5cm。

12

Level ★★☆☆☆

[材料]

COSMO 25号刺绣线
A ○：灰白色（ 712 ）100cm × 2根
B ◗：粉白色（ 111 ）100cm × 2根
C ⬤：桃红色（ 835 ）100cm × 2根
D ◗：浅蓝绿色（ 563 ）100cm × 2根

12

[成品尺寸]
约30.5cm

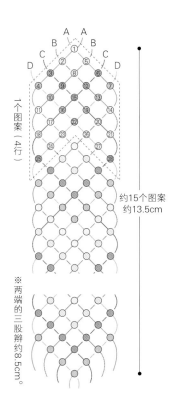

1个图案（4行）

约15个图案
约13.5cm

※两端的三股辫约8.5cm。

13

Level ★★☆☆☆

[材料]

COSMO 25号刺绣线

A ⬤：浅肉桂粉色（461）100cm×4根
B ⬤：珊瑚色（342）100cm×4根
C ⬤：浅灰绿色（980）100cm×4根

13

[成品尺寸]
约30cm

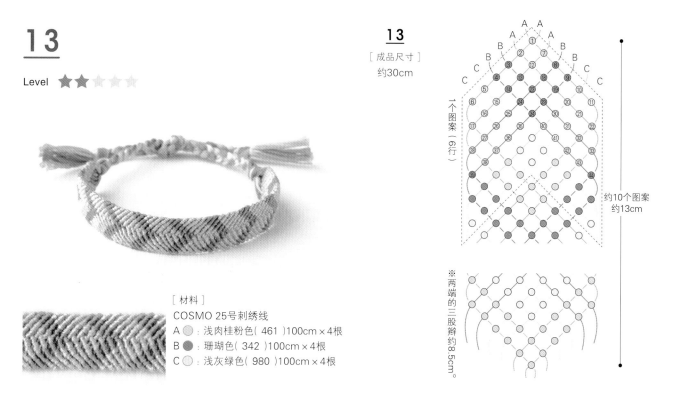

1个图案（6行）

约10个图案
约13cm

※两端的三股辫约8.5cm。

14

Level ★★☆☆☆

[材料]

COSMO 25号刺绣线

A ⬤：浅黄绿色（315A）100cm×4根
B ⬤：桃红色（835）100cm×2根
C ⬤：浅蓝绿色（563）100cm×2根

14

[成品尺寸]
约31cm

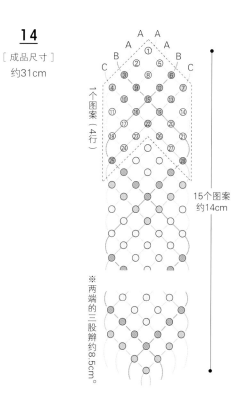

1个图案（4行）

15个图案
约14cm

※两端的三股辫约8.5cm。

15

Level ★★☆☆☆

[材料]

COSMO 25号刺绣线

A ● : 嫩竹色（ 334 ）100cm×4根
B ○ : 黄色（ 298 ）100cm×4根
C ○ : 灰色（ 2151 ）100cm×2根

16

Level ★★★★☆

[材料]

COSMO 25号刺绣线

A ● : 浅薄荷绿色（ 333 ）90cm×2根
B ○ : 灰色（ 2151 ）90cm×2根
C ● : 藏蓝色（ 169 ）90cm×2根
D ● : 靛蓝色（ 2214 ）90cm×2根
E ● : 红色（ 344 ）90cm×2根

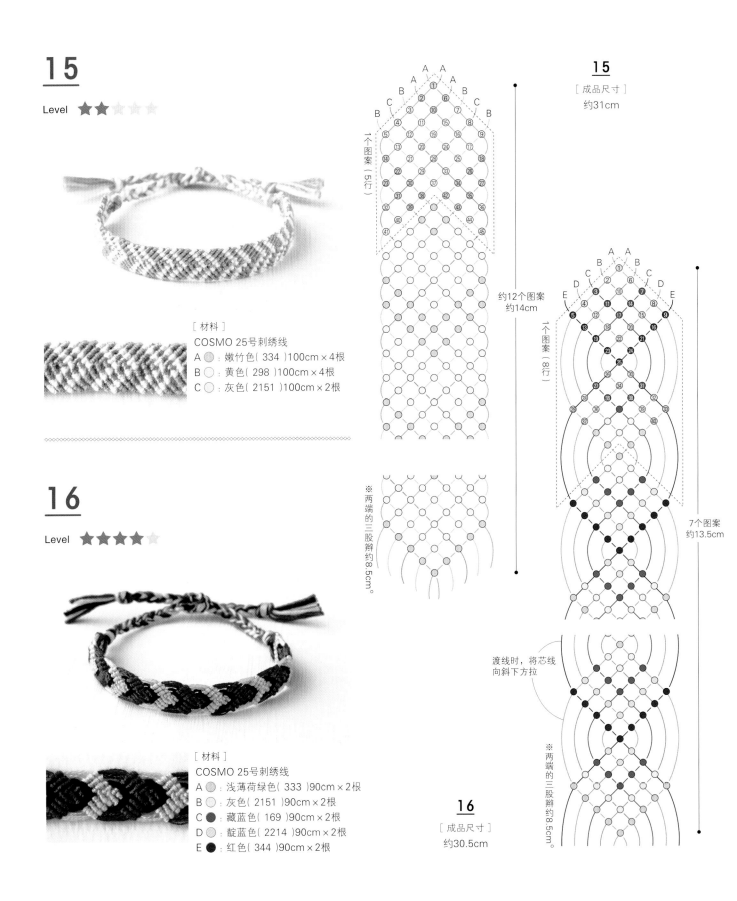

15

[成品尺寸]
约31cm

约12个图案
约14cm

16

[成品尺寸]
约30.5cm

7个图案
约13.5cm

渡线时，将芯线
向斜下方拉

羽毛图案

改变编结的顺序，可以做出各种图案。编结时，注意不要弄混芯线和编线。

17

Level ★★★☆☆

[材料]
奥林巴斯　25号刺绣线
A ● : 绿色（ 263 ）100cm×4根
B ○ : 淡灰色（ 430 ）100cm×4根

18

Level ★★★☆☆

[材料]
奥林巴斯　25号刺绣线
A ○ : 浅黄色（ 541 ）100cm×8根
B ● : 蓝紫色（ 643 ）100cm×4根

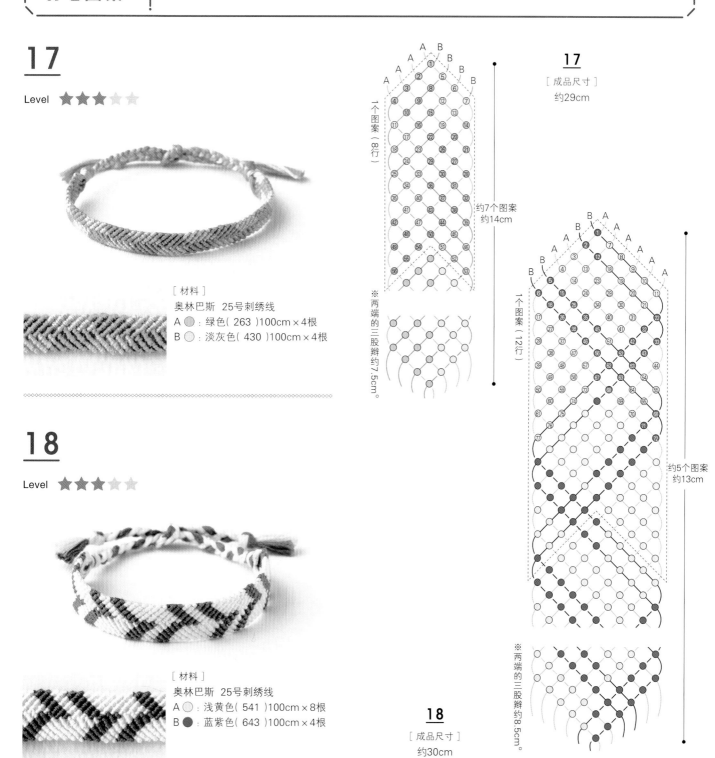

17
[成品尺寸]
约29cm

1个图案（8行）

约7个图案
约14cm

※两端的三股辫约7.5cm。

1个图案（12行）

约5个图案
约13cm

※两端的三股辫约8.5cm。

18
[成品尺寸]
约30cm

19

Level ★★★☆☆

[材料]

奥林巴斯 25号刺绣线

A ○ : 薄荷绿色（ 220 ）100cm×4根
B ○ : 粉色（ 1031 ）100cm×4根

20

Level ★★★☆☆

[材料]

奥林巴斯 25号刺绣线

A ● : 琉璃色（ 334 ）100cm×4根
B ● : 粉米色（ 141 ）100cm×4根

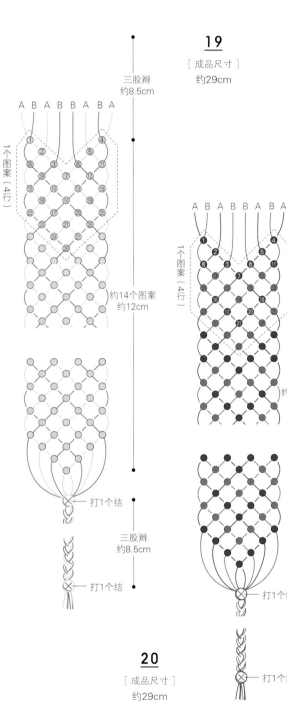

19
[成品尺寸]
约29cm

三股辫
约8.5cm

A B A B B A B A

1个图案
（4行）

约14个图案
约12cm

打1个结

三股辫
约8.5cm

打1个结

三股辫
约8.5cm

20
[成品尺寸]
约29cm

A B A B B A B A

1个图案
（4行）

约14个图案
约12cm

打1个结

三股辫
约8.5cm

打1个结

21

Level ★★★☆☆

[材料]
奥林巴斯 25号刺绣线
A ●：暗粉色（ 1902 ）100cm×6根
B ○：浅灰色（ 483 ）100cm×6根

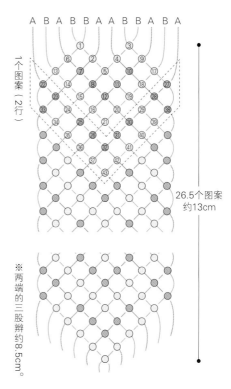

1个图案（2行）

26.5个图案
约13cm

※两端的三股辫约8.5cm。

22

Level ★★★☆☆

[材料]
奥林巴斯 25号刺绣线
A ○：深薄荷绿色（ 2042 ）130cm×5根
B ●：暗粉色（ 1902 ）120cm×5根

22

[成品尺寸]
约31cm

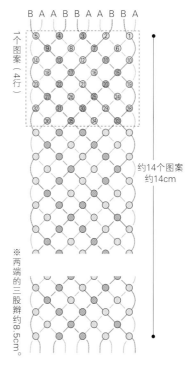

1个图案（4行）

约14个图案
约14cm

※两端的三股辫约8.5cm。

23

Level ★☆☆☆☆

[材料]
COSMO 25号刺绣线
A ○：浅蓝绿色（ 563 ）120cm × 1根
B ●：浅藏蓝色（ 168 ）100cm × 3根

23

［ 成品尺寸 ］
约31cm

一个图案（4行）

15个图案
约14cm

※两端的三股辫约8.5cm。

24

Level ★★★☆☆

[材料]
COSMO 25号刺绣线
A ○：芥末黄色（ 702 ）100cm × 4根
B ●：银灰色（ 892 ）100cm × 4根

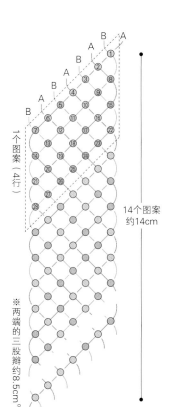

一个图案（4行）

14个图案
约14cm

※两端的三股辫约8.5cm。

24

［ 成品尺寸 ］
约31cm

25

Level ★★★☆☆

[材料]

COSMO 25号刺绣线

A ● ：肉桂粉色（ 852 ）130cm×1根
B ● ：黑灰色（ 895 ）120cm×2根
C ○ ：苍蓝色（ 162 ）100cm×6根

26

Level ★★★☆☆

[材料]

COSMO 25号刺绣线

A ● ：银灰色（ 892 ）90cm×2根
B ○ ：黄绿色（ 270 ）140cm×2根
C ● ：浅蓝绿色（ 563 ）90cm×2根
D ● ：米色（ 341 ）90cm×2根

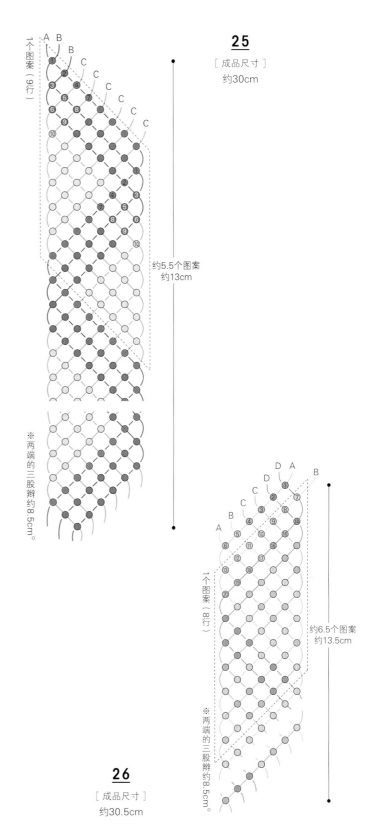

25

[成品尺寸]
约30cm

一个图案（9行）

约5.5个图案
约13cm

※两端的三股辫约8.5cm。

26

[成品尺寸]
约30.5cm

一个图案（8行）

约6.5个图案
约13.5cm

※两端的三股辫约8.5cm。

27

Level ★★★☆☆

[材料]

COSMO 25号刺绣线

A ○ : 深绿色（ 319 ）120cm×1根
B ○ : 天蓝色（ 2251 ）80cm×8根
C ● : 黑绿色（ 637 ）120cm×1根
D ● : 绿松石色（ 2253 ）120cm×1根
E ○ : 嫩绿色（ 269 ）120cm×1根

28

Level ★★★☆☆

[材料]

COSMO 25号刺绣线

A ○ : 淡蓝色（ 252 ）120cm×1根
B ○ : 淡粉色（ 103 A ）80cm×8根
C ● : 樱桃粉色（ 2105 ）120cm×1根
D ● : 绿松石色（ 2253 ）120cm×1根
E ○ : 淡橙色（ 402 ）120cm×1根

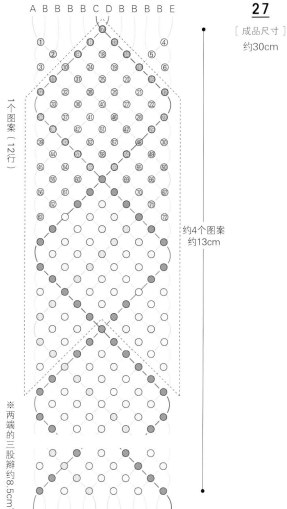

A B B B B C D B B B B E

一个图案（12行）

※两端的三股辫约8.5cm。

27

［成品尺寸］

约30cm

约4个图案
约13cm

28

［成品尺寸］

约30cm

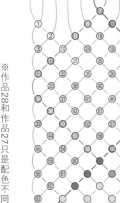

A B B B B C D B B B B E

※作品28和作品27只是配色不同，编结方法请参照作品27。

29

Level ★★★☆☆

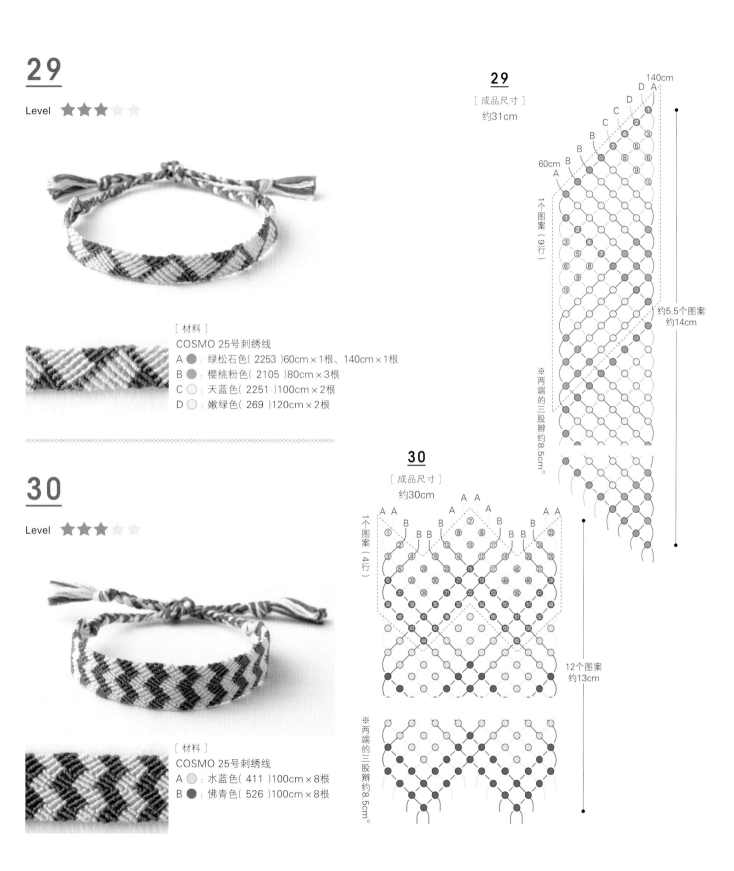

[材料]
COSMO 25号刺绣线
A ● ：绿松石色(2253)60cm×1根、140cm×1根
B ● ：樱桃粉色(2105)80cm×3根
C ○ ：天蓝色(2251)100cm×2根
D ○ ：嫩绿色(269)120cm×2根

30

Level ★★★☆☆

[材料]
COSMO 25号刺绣线
A ○ ：水蓝色(411)100cm×8根
B ● ：佛青色(526)100cm×8根

29

［ 成品尺寸 ］
约31cm

140cm
D A
C
C
B
B
60cm B
A

1个图案（9行）

约5.5个图案
约14cm

※两端的三股辫约8.5cm。

30

［ 成品尺寸 ］
约30cm

1个图案（4行）

12个图案
约13cm

※两端的三股辫约8.5cm。

三股辫图案

图案就像三股辫那样，颜色向中间交汇。作品31使用了雀头结（参照p.15），需要注意。

31

Level ★★★★★

[材料]

奥林巴斯 25号刺绣线

A ● : 浅蓝色（ 3051 ）100cm×2根
B ● : 银灰色（ 484 ）100cm×2根
C ● : 黄色（ 543 ）100cm×2根

32

Level ★★★☆☆

[材料]

奥林巴斯 25号刺绣线

A ● : 浅蓝色（ 3051 ）90cm×2根
B ● : 藏蓝色（ 357 ）90cm×2根
C ● : 浅砖红色（ 767 ）90cm×2根

1个图案（6行）

9个图案
约13.5cm

※两端的三股辫约8.5cm。

31

[成品尺寸]

约30.5cm

1个图案（6行）

约9个图案
约13.5cm

※两端的三股辫约8.5cm。

32

[成品尺寸]

约30.5cm

33

Level ★★★★★

[材料]

奥林巴斯 25号刺绣线

A ● ：蓝色（ 3052 ）120cm×5根

B ● ：银灰色（ 484 ）120cm×4根

34

Level ★★★★★

[材料]

奥林巴斯 25号刺绣线

A ● ：藏蓝色（ 357 ）120cm×5根

B ○ ：黄色（ 543 ）120cm×4根

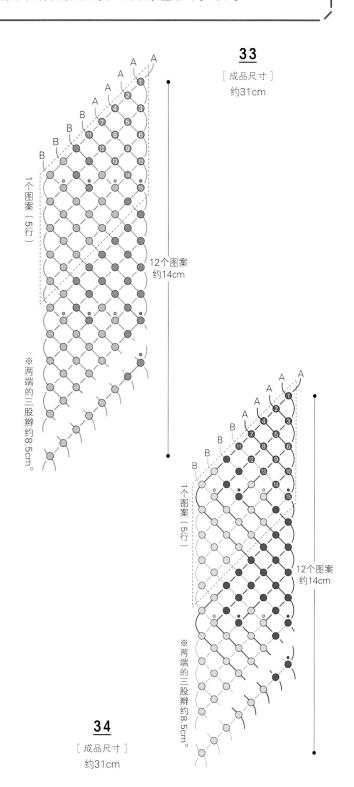

33

［ 成品尺寸 ］

约31cm

1个图案（5行）

12个图案

约14cm

※两端的三股辫约8.5cm。

34

［ 成品尺寸 ］

约31cm

1个图案（5行）

12个图案

约14cm

※两端的三股辫约8.5cm。

27

如果已经学到这里，基本上已经无所不能了。将喜欢的颜色组合在一起，编织喜欢的手链吧。

35

Level ★★★☆☆

[材料]

COSMO 25号刺绣线

A ● : 珊瑚色（ 342 ）140cm×2根
B ○ : 绿色（ 843 ）90cm×6根
C ● : 樱花粉色（ 651 ）110cm×2根

35

[成品尺寸]
约31cm

1个图案（ 5行 ）

12个图案
约14cm

※两端的三股辫约8.5cm。

36

Level ★★★★★

[材料]

COSMO 25号刺绣线

A ● : 浅藏蓝色（ 168 ）120cm×2根
B ○ : 淡薄荷绿色（ 371 ）70cm×6根
C ● : 灰褐色（ 714 ）120cm×2根

1个图案（ 4行 ）

12个图案
约14cm

※两端的三股辫约8.5cm。

36

[成品尺寸]
约31cm

37

Level ★★★★★

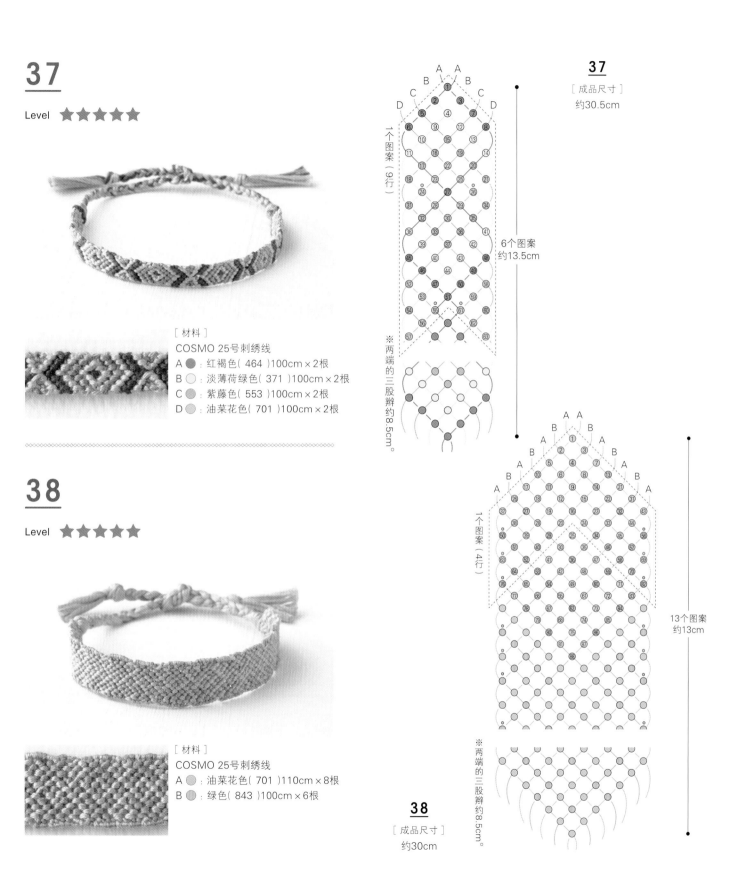

[材料]

COSMO 25号刺绣线

A ● 红褐色（464）100cm×2根
B ○ 淡薄荷绿色（371）100cm×2根
C ● 紫藤色（553）100cm×2根
D ● 油菜花色（701）100cm×2根

38

Level ★★★★★

[材料]

COSMO 25号刺绣线

A ● 油菜花色（701）110cm×8根
B ● 绿色（843）100cm×6根

37

[成品尺寸]
约30.5cm

1个图案（9行）

6个图案
约13.5cm

※两端的三股辫约8.5cm。

13个图案
约13cm

1个图案（4行）

※两端的三股辫约8.5cm。

38

[成品尺寸]
约30cm

39

Level ★★★★★

[材料]

COSMO 25号刺绣线

A ● : 群青色（664A）140cm×3根
B ◐ : 粉色（501）100cm×2根
C ○ : 露草色（523）100cm×2根
D ◑ : 浅绿色（842）100cm×2根

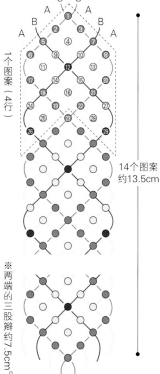

1个图案（9行）

约6个图案 约14.5cm

※两端的三股辫约8.5cm。

40

Level ★★★☆☆

[材料]

COSMO 25号刺绣线

A ○ : 冰绿色（562）100cm×4根
B ● : 群青色（664A）70cm×2根
C ◐ : 浅蓝色（663）120cm×2根

40

[成品尺寸]

约28.5cm

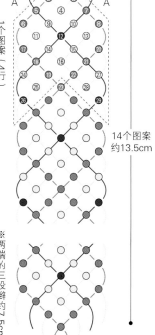

1个图案（4行）

14个图案 约13.5cm

※两端的三股辫约7.5cm。

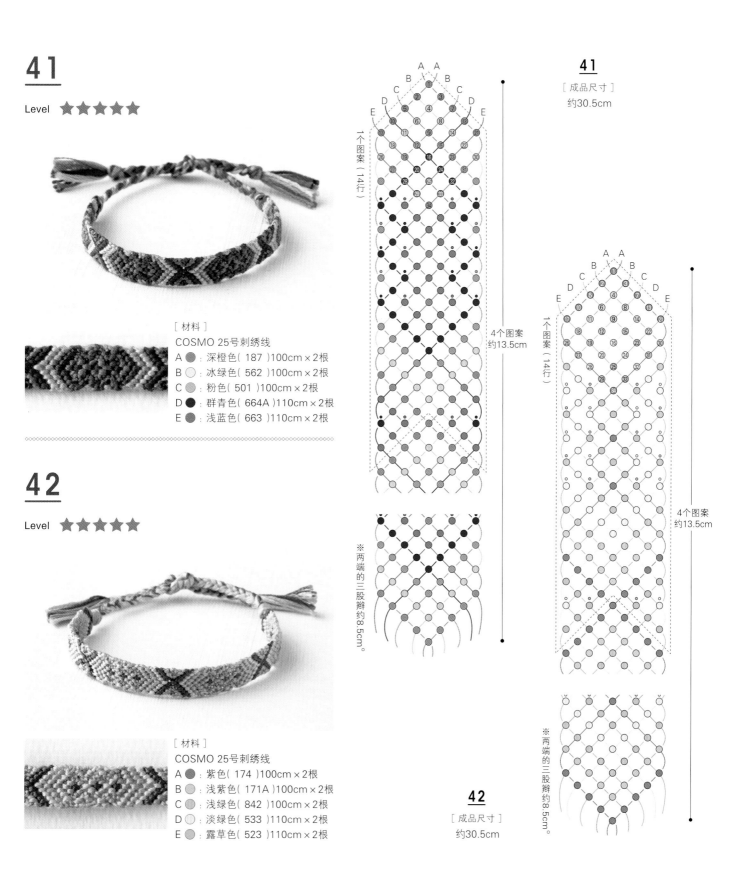

41

Level ★★★★★

[材料]
COSMO 25号刺绣线
A ● ：深橙色（ 187 ）100cm × 2根
B ○ ：冰绿色（ 562 ）100cm × 2根
C ● ：粉色（ 501 ）100cm × 2根
D ● ：群青色（ 664A ）110cm × 2根
E ● ：浅蓝色（ 663 ）110cm × 2根

42

Level ★★★★★

[材料]
COSMO 25号刺绣线
A ● ：紫色（ 174 ）100cm × 2根
B ● ：浅紫色（ 171A ）100cm × 2根
C ● ：浅绿色（ 842 ）100cm × 2根
D ○ ：淡绿色（ 533 ）110cm × 2根
E ● ：露草色（ 523 ）110cm × 2根

41
［ 成品尺寸 ］
约30.5cm

42
［ 成品尺寸 ］
约30.5cm

43

Level ★★★☆☆

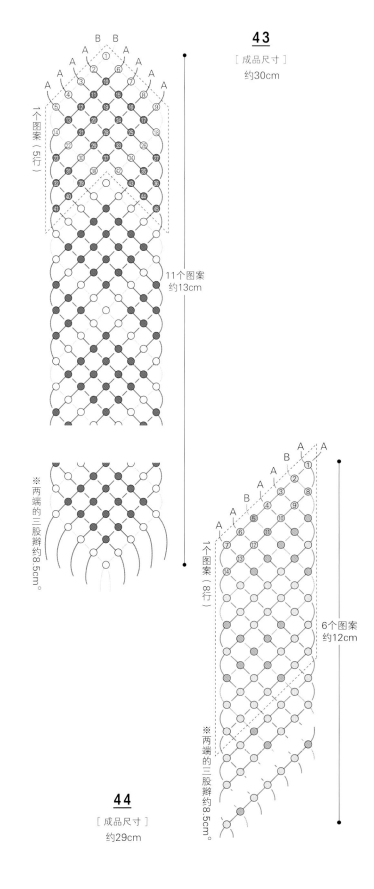

[材料]
COSMO 25号刺绣线
A ● ：琉璃色（ 2664 ）90cm × 8根
B ○ ：奶油色（ 140 ）140cm × 2根

44

Level ★★★☆☆

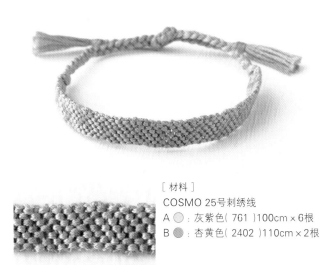

[材料]
COSMO 25号刺绣线
A ○ ：灰紫色（ 761 ）100cm × 6根
B ● ：杏黄色（ 2402 ）110cm × 2根

43
[成品尺寸]
约30cm

1个图案（5行）

11个图案
约13cm

※两端的三股辫约8.5cm。

1个图案（8行）

6个图案
约12cm

※两端的三股辫约8.5cm。

44
[成品尺寸]
约29cm

斜纹和波点图案

在简单的斜纹图案中加入波点图案，让手链倍加可爱。

4 5

Level ★★★☆☆

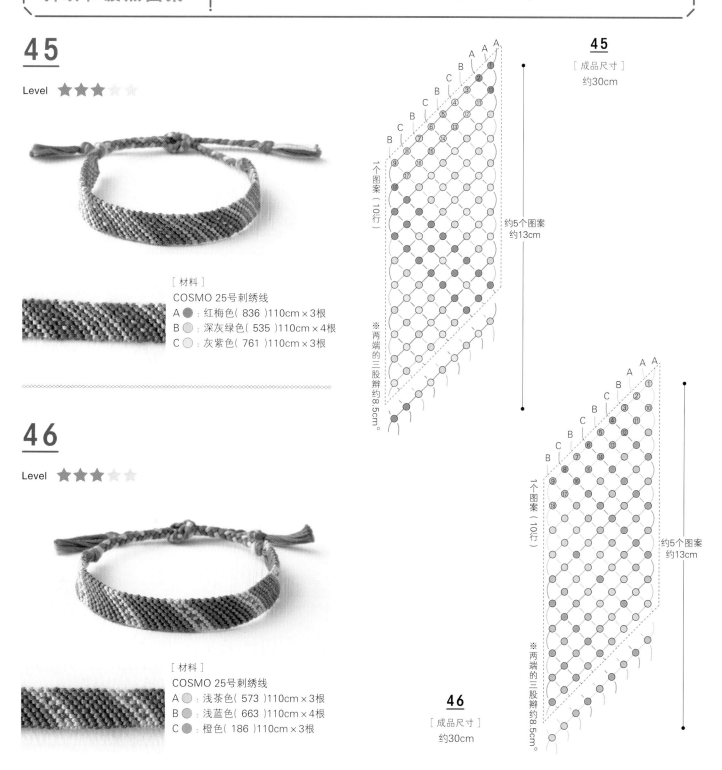

[材料]
COSMO 25号刺绣线
A ● : 红梅色（ 836 ）110cm×3根
B ○ : 深灰绿色（ 535 ）110cm×4根
C ○ : 灰紫色（ 761 ）110cm×3根

45
[成品尺寸]
约30cm

1个图案（ 10行 ）

约5个图案
约13cm

※两端的三股辫约8.5cm。

4 6

Level ★★★☆☆

[材料]
COSMO 25号刺绣线
A ○ : 浅茶色（ 573 ）110cm×3根
B ● : 浅蓝色（ 663 ）110cm×4根
C ● : 橙色（ 186 ）110cm×3根

46
[成品尺寸]
约30cm

1个图案（ 10行 ）

约5个图案
约13cm

※两端的三股辫约8.5cm。

33

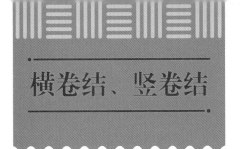

<u>47</u>

条纹图案

掌握斜卷结的编织方法后，就来挑战一下横卷结编织的条纹图案吧！

47

条纹图案

Level ★★☆☆☆

[材料]

DMC 25号刺绣线

A ● : 薰衣草色(340)110cm×2根

B ○ : 浅灰色(762)110cm×2根

C ● : 玫红色(3607)110cm×2根、270cm×1根

47

[成品尺寸]
约30cm

三股辫
约8.5cm

C 270cm

⊗ 打1个结

68行
约13cm

A A B B C C

⊗ 打1个结

三股辫
约8.5cm

⊗ 打1个结

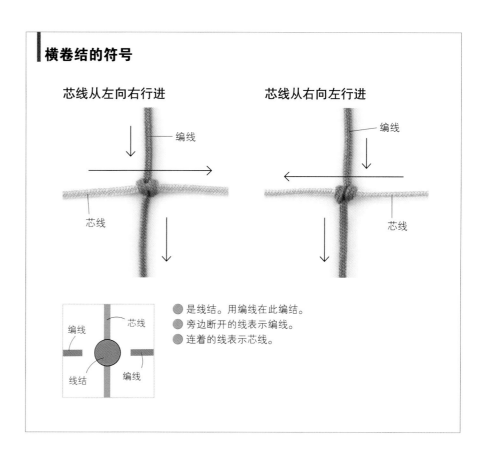

横卷结的符号

芯线从左向右行进 芯线从右向左行进

编线

芯线

编线

芯线

编线　芯线

线结　编线

● 是线结。用编线在此编结。
● 旁边断开的线表示编线。
● 连着的线表示芯线。

长线的缠绕方法 ※为便于理解，使用粗线示范。

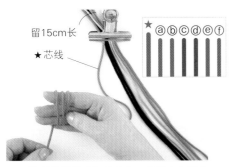

留15cm长
★芯线

ⓐⓑⓒⓓⓔⓕ

1 将刺绣线剪成指定长度，按照配色顺序排列好，用夹子和透明胶带固定好。芯线较长时，由外向内缠在3根手指上。

2 快缠完时，从手指上取下，用线头在线束上缠绕两三圈，然后按照图示塞入线头。

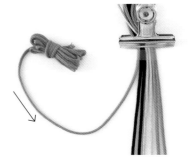

3 使用时，将线沿箭头方向从线束中拉出来。

第1行·向右行进

横卷结（芯线从左向右行进）

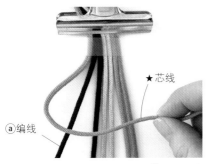

★芯线
ⓐ编线

4 右手拿着★芯线，左手拿着ⓐ编线，使芯线在编线上方。

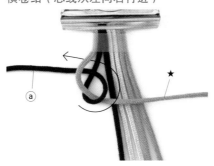

ⓐ
★

5 将编线从芯线上方绕过做1个线圈。按照图示将编线从线圈中拉出。

★

6 向右拉紧芯线，不让其松掉，慢慢拉紧左手中的编线。

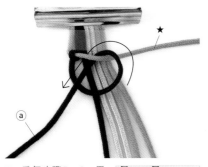

★
ⓐ

7 重复步骤5、6，用编线缠住芯线编织。

8 拉紧编线。因为"编2次完成1个结"，至此编好1个芯线向右行进的"横卷结"。

ⓑ

9 编第2个结时，右手依然拿着芯线，左手拿着ⓑ编线，按照步骤5~8的方法编织。编2次完成1个结。

第 2 行 · 向左行进　横卷结（芯线从右向左行进）

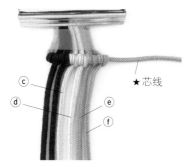

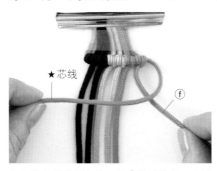

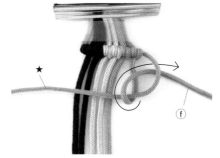

10 右手依然拿着芯线，左手拿着的编线依次变成ⓒ、ⓓ、ⓔ、ⓕ，按照步骤**5~8**的方法编织。图中编好了第1行，芯线出现在最右端。

11 将芯线拉回左边，用ⓕ编线编织。左手拿着芯线，右手拿着ⓕ编线，使芯线在编线上方。

12 将编线从芯线上方绕过做1个线圈。按照图示将编线从线圈中拉出。

13 向左拉紧芯线，不让其松掉，慢慢拉紧右手中的编线。

14 重复步骤**12**、**13**，用编线缠住芯线编织。1个芯线向左行进的"横卷结"完成了。

15 编下一个结时，左手依然拿着芯线，右手拿着ⓔ编线，按照步骤**11~14**的方法编织。

第 3 行以后

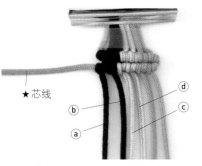

16 继续编织，左手依然拿着芯线，右手拿着的编线依次变成ⓓ、ⓒ、ⓑ、ⓐ。编好第2行时，芯线出现在最左端。

17 将芯线拉回右边并用右手拿好。按照步骤**4~10**的方法向右编织。编结时，和前一行的线结对齐。

18 第3行完成。芯线向右行进时用右手拿着编线，向左行进时用左手拿着编线。编织时，要均匀地拉紧刺绣线。

方格图案

将横卷结和竖卷结按照一定规律组合在一起编织成方格图案的手链。因为是不断重复相同的编法，所以并不难。

48

48
方格图案
Level ★★★★★

[材料]
DMC 25号刺绣线
A ● : 灰薄荷绿色(503)90cm×6根
B ○ : 灰米色(822)290cm×1根

48
[成品尺寸]
约30cm

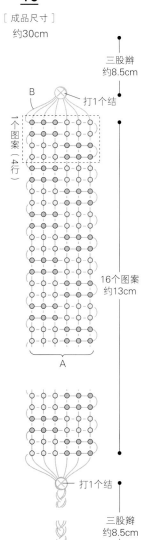

三股辫
约8.5cm

B

打1个结

1个图案（4行）

16个图案
约13cm

A

打1个结

三股辫
约8.5cm

打1个结

竖卷结的符号

编线 — 芯线
线结 — 编线
芯线 — 编线

编线从左向右行进　　编线从右向左行进

芯线 ← 芯线

编线 ↓ 编线 ↓

● 是线结。用编线在此编结。
● 旁边断开的线表示编线。
● 连着的线表示芯线。

编结起点　※为便于理解，使用粗线示范。

缠成线束

★ ⓐⓑⓒⓓⓔⓕ

1 将刺绣线剪成指定长度，按照配色顺序排列好，用夹子和透明胶带固定好。
★线较长时，缠成线束使用。

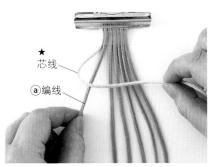

★
芯线
ⓐ编线

2 以★线为芯线，用ⓐ线编1个横卷结（参照p.36步骤4~8）。

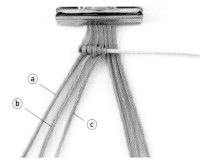

ⓐ
ⓑ
ⓒ

3 继续用ⓑ线、ⓒ线编织横卷结。

竖卷结（编线从左向右行进）

★编线

ⓓ芯线

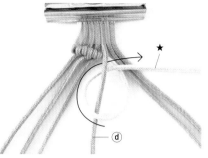

★

ⓓ

4 第4~6个线结编织竖卷结。以ⓓ ~ ⓕ。ⓓ为芯线，★线为编线。左手拿着ⓓ芯线，右手拿着★编线，使芯线在编线上方。

5 将编线绕过芯线做1个线圈，按照图示拉出编线。编线从芯线后方穿过，向右拉紧。

拉紧ⓓ芯线

6 左手向自己方向拉紧芯线，右手慢慢拉紧编线。

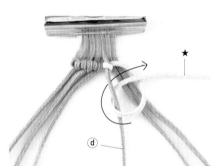

★

ⓓ

★

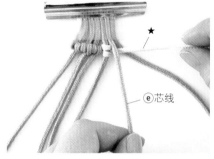

★

ⓔ芯线

7 重复步骤5、6，用编线缠绕芯线编织。

8 拉好编线，至此编好1个编线从左向右行进的"竖卷结"。

9 编下一个结时，右手依然拿着编线，左手拿着的芯线变成ⓔ，按照步骤5~8的方法编织。

第 2 行竖卷结 （编线从右向左行进）

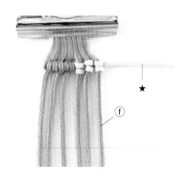

★

ⓕ

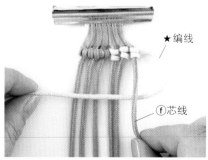

★编线

ⓕ芯线

★

10 继续编织，芯线换成ⓕ，按照步骤5~8的方法编织。第1行完成。

11 第2行先编织"竖卷结"。右手拿着ⓕ芯线，左手向左拉着★编线，使芯线在编线上方。

12 按照图示用编线缠绕芯线并拉出。编线从芯线后方穿过，向左拉紧。

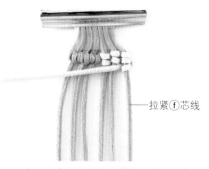

13 右手向自己方向拉紧芯线，左手慢慢拉紧编线。

拉紧ⓕ芯线

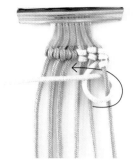

14 因为"编2次完成1个竖卷结"，重复步骤12、13。

15 右手向自己方向拉紧芯线，左手慢慢拉紧编线。至此编好1个编线从右向左行进的"竖卷结"。

第3行

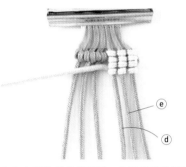

16 左手依然拿着编线，右手拿着的芯线依次变化，再编织2个竖卷结。

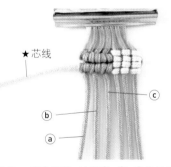

★芯线

17 ★线为芯线，按照ⓒ、ⓑ、ⓐ编线的顺序，编织3个横卷结。（参照p.37步骤11~14）。

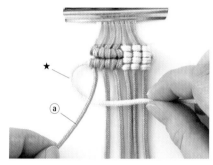

18 左手拿着ⓐ芯线，右手向右拉着★编线，使芯线在编线上方。

第4行

19 编织3个竖卷结。（参照p.40步骤5~8）。

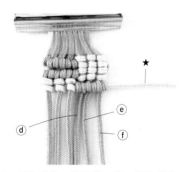

20 以★线为芯线，按照ⓓ、ⓔ、ⓕ编线的顺序，编织3个横卷结。（参照p.36步骤4~8）。

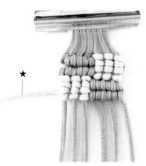

21 以★线为芯线，按照ⓕ、ⓔ、ⓓ编线的顺序编织3个横卷结，然后继续向左按照ⓒ、ⓑ、ⓐ芯线的顺序编织3个竖卷结。第1~4行为1个方格图案，重复编织至所需要的长度即可。

49

Level ★★☆☆☆

[材料]

DMC 25号刺绣线

A ● ： 蓝色（ 797 ）130cm×4根
A' ● ： 蓝色（ 797 ）150cm×1根
B ○ ： 浅橙色（ 967 ）130cm×4根

49

[成品尺寸]
约29cm

78行
约13cm

A   B

※两端的三股辫约8cm。

50

Level ★★☆☆☆

[材料]

DMC 25号刺绣线

A ○ ： 嫩绿色（ 164 ）130cm×4根
A' ○ ： 嫩绿色（ 164 ）150cm×1根
B ● ： 浅蓝色（ 156 ）130cm×1根
C ○ ： 奶油色（ 746 ）130cm×1根
D ○ ： 浅紫藤色（ 159 ）130cm×1根
E ● ： 蓝绿色（ 3810 ）130cm×1根

50

[成品尺寸]
约29cm

78行
约13cm

A   B C D E

※两端的三股辫约8cm。

花格图案 ｜ 编织条纹图案时，在竖卷结中加入横向线条，就形成了花格图案。

51

Level ★★★☆☆

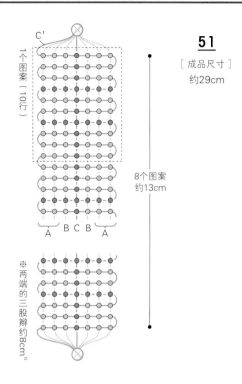

<u>51</u>
［成品尺寸］
约29cm

1个图案（10行）

8个图案
约13cm

A B C B A

※两端的三股辫约8cm。

［材料］
DMC 25号刺绣线
A ● ：浅茶色（ 613 ）120cm×4根
B ● ：浅绿色（ 913 ）120cm×2根
C ● ：粉褐色（ 3778 ）120cm×1根
C' ● ：粉褐色（ 3778 ）240cm×1根

52

Level ★★★☆☆

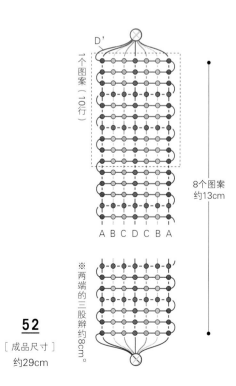

1个图案（10行）

8个图案
约13cm

A B C D C B A

※两端的三股辫约8cm。

<u>52</u>
［成品尺寸］
约29cm

［材料］
DMC 25号刺绣线
A ● ：深灰色（ 3799 ）120cm×2根
B ● ：浅茶色（ 613 ）120cm×2根
C ● ：铅灰色（ 413 ）120cm×2根
D ● ：红色（ 349 ）120cm×1根
D' ● ：红色（ 349 ）240cm×1根

锯齿形 | 改变竖卷结的编织顺序，就可以编织出锯齿形的手链。看起来很难，其实很简单。

53

Level ★★★☆☆

[材料]
奥林巴斯 25号刺绣线
A ⬜ : 灰色（ 413 ）130cm×1根
B ⬤ : 浅藏蓝色（ 354 ）100cm×7根

53

[成品尺寸]
约28.5cm

A B B B B B B B

1个图案（18行）

3.5个图案
约13.5cm

※两端的三股辫约7.5cm。

54

Level ★★★☆☆

[材料]
奥林巴斯 25号刺绣线
A ⬜ : 浅黄绿色（ 251 ）100cm×3根
B ⬤ : 嫩绿色（ 274 ）100cm×2根
C ⬤ : 粉橙色（ 143 ）100cm×3根

54

[成品尺寸]
约30cm

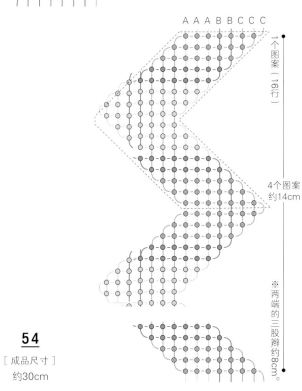

A A A B B C C C

1个图案（16行）

4个图案
约14cm

※两端的三股辫约8cm。

44

55

Level ★★★★☆

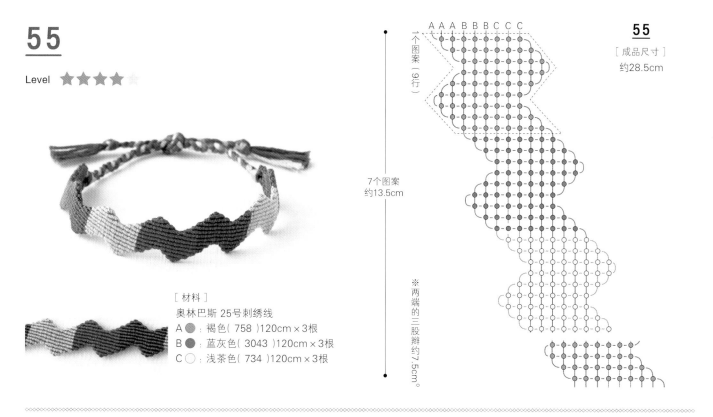

[材料]
奥林巴斯 25号刺绣线
A ⬤ ：褐色（ 758 ）120cm×3根
B ⬤ ：蓝灰色（ 3043 ）120cm×3根
C ◯ ：浅茶色（ 734 ）120cm×3根

A A A B B B C C C

一个图案（9行）

7个图案
约13.5cm

※两端的三股辫约7.5cm。

55
[成品尺寸]
约28.5cm

56

Level ★★★★☆

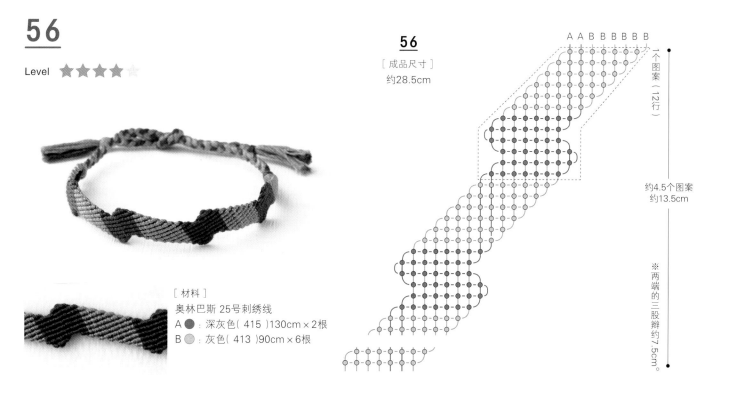

[材料]
奥林巴斯 25号刺绣线
A ⬤ ：深灰色（ 415 ）130cm×2根
B ◯ ：灰色（ 413 ）90cm×6根

56
[成品尺寸]
约28.5cm

A A B B B B B B

一个图案（12行）

约4.5个图案
约13.5cm

※两端的三股辫约7.5cm。

字母图案

57～82 Level ★★★☆☆

字母图案主要采用在横卷结中组合竖卷结的技法编织。

83～92 Level ★★★☆☆

学会编织字母和数字图案，就可以根据自
己的需要设计成传达心意的话语了。

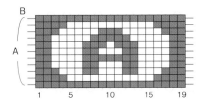

57 字母图案（A）

Level ★★★☆☆

[材料]

COSMO 25号刺绣线

A ▨ : 青色(166)40cm×11根

B □ : 水蓝色(411)150cm×1根

B
A

1　5　　10　　15　19

用编结方法
图表示上面
的方格的话
是这样的

A色编织横卷结
（线结为A色）

（线结为A色）

编织竖卷结

字母图案的编结方法图用方格表示。
方格的颜色表示编线的颜色。

准备　※为便于理解，使用粗线示范。

1　ⓐ～ⓚ为A色，★为B色，共有12根线。在距离端头15cm的地方（编三股辫的地方）用夹子夹住，然后用透明胶带固定在操作台上。

第1、2行

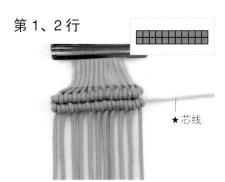

★芯线

2　看着编结方法图，以★线为芯线，ⓐ～ⓚ依次作为编线，编织2行横卷结（参照 p.36、37 ）。

第3行

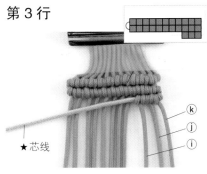

★芯线

ⓚ
ⓙ
ⓘ

3　继续以★线为芯线，依次用ⓚ、ⓙ、ⓘ线作为编线，编织3个横卷结。

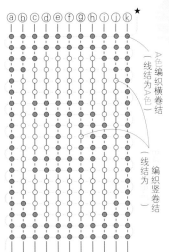

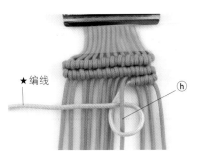

★编线

ⓗ

4　第4个结为B色，所以要将★线作为编线，ⓗ线作为芯线，编织竖卷结（参照 p.40、41步骤 11～15 ）。

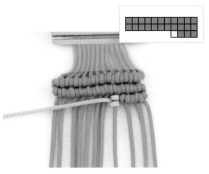

5　第4个结完成。

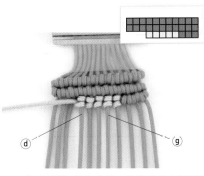

ⓓ
ⓖ

6　依次以ⓖ～ⓓ为芯线，继续编织4个竖卷结。

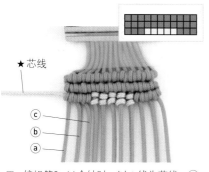

第4～6行

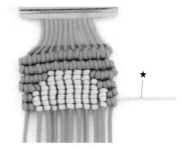

第 7 行

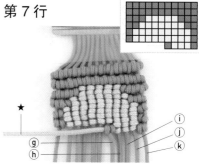

★芯线

ⓒ
ⓑ
ⓐ

7 编织第9~11个结时，以★线为芯线，ⓒ、ⓑ、ⓐ依次作为编线，编织横卷结。

8 看着编结方法图，组合编织横卷结和竖卷结。

★

★

ⓘ
ⓙ
ⓖ
ⓗ
ⓚ

9 以★线为芯线，用ⓚ线编织1个横卷结，然后依次以ⓙ、ⓘ、ⓗ为芯线，编织3个竖卷结。接着以★线为芯线，用ⓖ线编织1个横卷结。

第 8 行

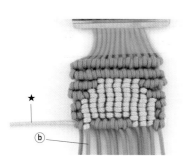

★

ⓑ

10 以★线为芯线，再编织4个横卷结。然后以ⓑ线为芯线，编织1个竖卷结。接着以★线为芯线，编织1个横卷结。

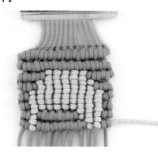

11 看着编结方法图，组合编织横卷结和竖卷结。尽量不要留有缝隙，要将线结拉得均匀平整。

横线的换线方法

如果中途想改变线的颜色，或者是横线不够了，可以用下面的方法换线，线头不会露在外面，看起来很美观。

1 编至端头第3个结。

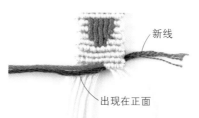

新线

出现在正面

2 将新线和横线并在一起，使其出现在正面。

2根一起编结

3 将2根线当作芯线一起编结。

留在反面

4 2根芯线一起编几个结后，将原来的芯线留在反面休线。

5 用新线继续编结。

反面

6 编织几行后，贴着反面将旧线剪断。

[材料]

58～92 通用

COSMO 25号刺绣线
A：40cm×11根
B：150cm×1根

※编结起点和终点的线头穿入刺绣针，在反面渡线处理。

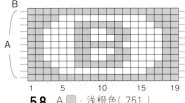

58 A▨：浅橙色（751）
B☐：浅水蓝色（2211）

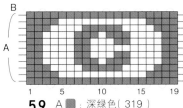

59 A▨：深绿色（319）
B☐：水蓝色（411）

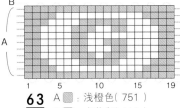

60 A▨：浅葱绿色（2212）
B☐：浅水蓝色（2211）

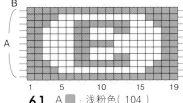

61 A▨：浅粉色（104）
B☐：水蓝色（411）

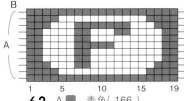

62 A▨：青色（166）
B☐：浅水蓝色（2211）

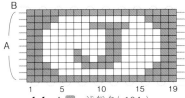

63 A▨：浅橙色（751）
B☐：水蓝色（411）

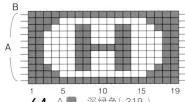

64 A▨：深绿色（319）
B☐：浅水蓝色（2211）

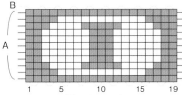

65 A▨：浅葱绿色（2212）
B☐：水蓝色（411）

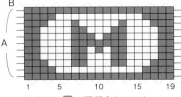

66 A▨：浅粉色（104）
B☐：浅水蓝色（2211）

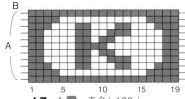

67 A▨：青色（166）
B☐：水蓝色（411）

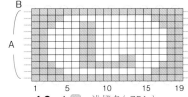

68 A▨：浅橙色（751）
B☐：浅水蓝色（2211）

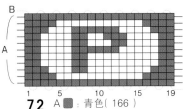

69 A▨：深绿色（319）
B☐：水蓝色（411）

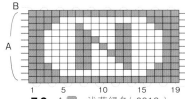

70 A▨：浅葱绿色（2212）
B☐：浅水蓝色（2211）

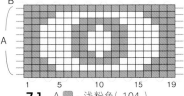

71 A▨：浅粉色（104）
B☐：水蓝色（411）

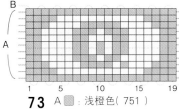

72 A▨：青色（166）
B☐：浅水蓝色（2211）

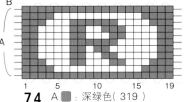

73 A▨：浅橙色（751）
B☐：水蓝色（411）

74 A▨：深绿色（319）
B☐：浅水蓝色（2211）

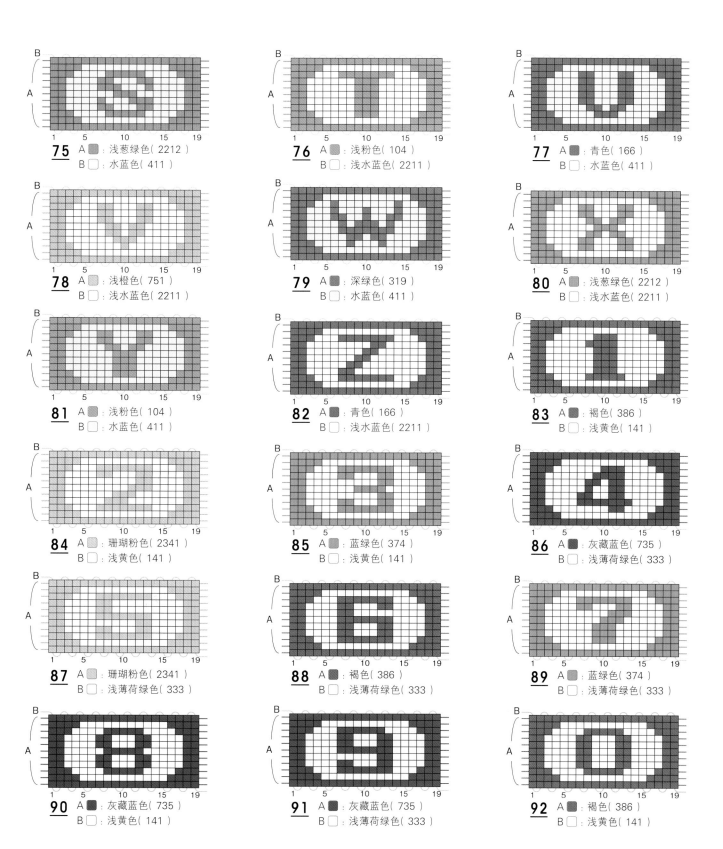

75 A ▨：浅葱绿色（2212）
B □：水蓝色（411）

76 A ▨：浅粉色（104）
B □：浅水蓝色（2211）

77 A ▨：青色（166）
B □：水蓝色（411）

78 A ▨：浅橙色（751）
B □：浅水蓝色（2211）

79 A ▨：深绿色（319）
B □：水蓝色（411）

80 A ▨：浅葱绿色（2212）
B □：浅水蓝色（2211）

81 A ▨：浅粉色（104）
B □：水蓝色（411）

82 A ■：青色（166）
B □：浅水蓝色（2211）

83 A ■：褐色（386）
B □：浅黄色（141）

84 A ▨：珊瑚粉色（2341）
B □：浅黄色（141）

85 A ▨：蓝绿色（374）
B □：浅黄色（141）

86 A ■：灰藏蓝色（735）
B □：浅薄荷绿色（333）

87 A ▨：珊瑚粉色（2341）
B □：浅薄荷绿色（333）

88 A ■：褐色（386）
B □：浅薄荷绿色（333）

89 A ▨：蓝绿色（374）
B □：浅薄荷绿色（333）

90 A ■：灰藏蓝色（735）
B □：浅黄色（141）

91 A ■：灰藏蓝色（735）
B □：浅薄荷绿色（333）

92 A ▨：褐色（386）
B □：浅黄色（141）

93

Level ★★★

[材料]
DMC 25号刺绣线
A □ ：浅黄色（ 745 ）200cm×1根
B □ ：黄绿色（ 703 ）120cm×2根
C □ ：水蓝色（ 809 ）120cm×7根

94

Level ★★★

[材料]
DMC 25号刺绣线
A □ ：本白色（ 3865 ）450cm×1根
B ■ ：黑色（ 310 ）100cm×9根

93
[成品尺寸]
约29cm

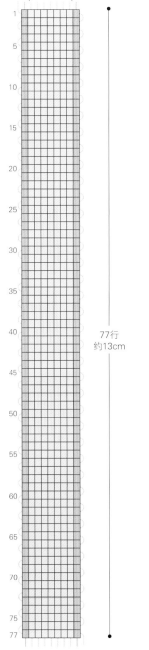

77行
约13cm

※两端的三股辫约8cm。

94
[成品尺寸]
约28cm

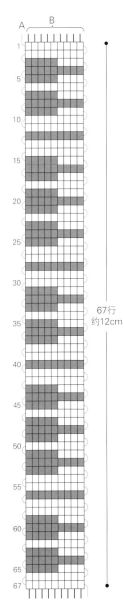

67行
约12cm

※两端的三股辫约8cm。

95

Level ★★★☆☆

[材料]

DMC 25号刺绣线

A ■ : 珊瑚粉色（ 3354)230cm×1根
B □ : 冰蓝色(800)120cm×9根

96

Level ★★★☆☆

[材料]

DMC 25号刺绣线

A ■ : 粉米色(224)250cm×1根
B □ : 紫色(155)120cm×9根
C ■ : 粉米色(224)120cm×2根

95

[成品尺寸]
约28cm

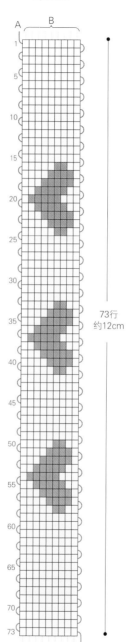

73行
约12cm

※两端的三股辫约8cm。

96

[成品尺寸]
约28cm

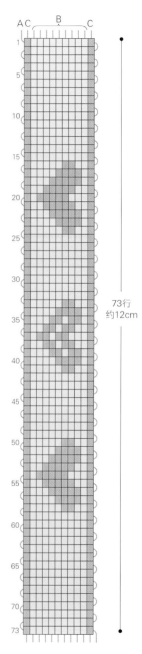

73行
约12cm

※两端的三股辫约8cm。

97

Level ★★★☆☆

[材料]

DMC 25号刺绣线　　A ■ : 朱红色(351)250cm×1根
　　　　　　　　　 B □ : 黄色(726)120cm×9根

98

Level ★★★☆☆

[材料]

DMC 25号刺绣线　　A □ : 本白色(3865)230cm×1根
　　　　　　　　　 B ■ : 朱红色(351)110cm×9根

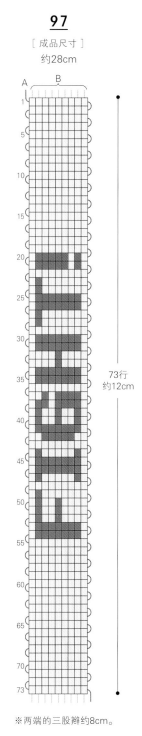

97

[成品尺寸]

约28cm

73行
约12cm

※两端的三股辫约8cm。

98

[成品尺寸]

约28cm

73行
约12cm

※两端的三股辫约8cm。

99

Level ★★★☆★

[材料]

DMC 25号刺绣线 　A ▢：浅肉桂粉色（ 353 ）250cm × 1根
　　　　　　　　 B ▢：粉色（ 602 ）110cm × 9根

100

Level ★★★★★

[材料]

DMC 25号刺绣线 　A ▢：朱红色（ 351 ）70cm × 2根
　　　　　　　　 B ▢：本白色（ 3865 ）100cm × 9根
　　　　　　　　 C ▢：藏蓝色（ 336 ）310cm × 1根

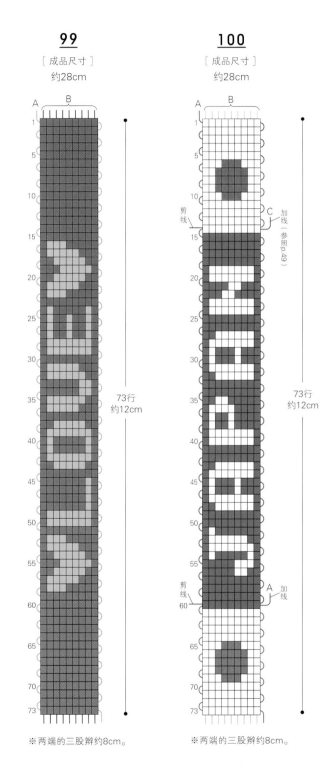

※两端的三股辫约8cm。

细手链

单向平结

这款手链只要在圆圈中打结并不断向前编织就可以完成，很简单。可以只佩戴一条，也可以同时佩戴多条细手链，看起来会更加时尚。

102

101

101、102
单向平结

Level ★☆☆☆☆

101	102
[成品尺寸]	[成品尺寸]
约30cm	约30cm

101 [材料]
DMC 25号刺绣线
A ■ : 褐色(839)90cm×1根
B ▨ : 粉米色(224)90cm×1根
C ▨ : 浅灰色(762)90cm×1根
D ▨ : 灰藏蓝色(930)90cm×1根

102 [材料]
DMC 25号刺绣线
▨ : 灰薄荷绿色(503)
60cm×3根、160cm×1根
※作品102不用换色，将160cm的线作为
编线，重复步骤1~4。

101
- 打1个结
- 三股辫 约8cm
- 打1个结
- A 单向平结20个 约1.7cm
- B 单向平结20个 约1.7cm
- C 单向平结20个 约1.7cm
- 约14cm
- D 单向平结20个 约1.7cm
- A 单向平结20个 约1.7cm
- B 单向平结20个 约1.7cm
- C 单向平结20个 约1.7cm
- D 单向平结20个 约1.7cm
- 三股辫 约8cm
- 打1个结

102
- 打1个结
- 三股辫 约8cm
- 打1个结
- 单向平结160个 约14cm
- 三股辫 约8cm
- 打1个结

※为便于理解，使用粗线示范。

1 将刺绣线剪成指定长度，按照配色顺序排列好，用夹子和透明胶带固定好。左手拉着3根芯线，将编线绕过芯线做1个线圈，从编线和芯线之间拉出。
编线

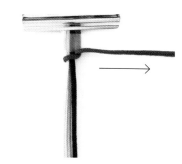

2 拉紧编线。

3 重复步骤1、2。

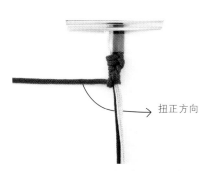

4 继续编织。如果线结扭转不方便编织，可以将方向扭正后继续编织。
扭正方向

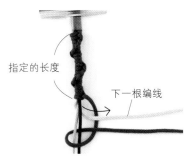

5 编织至指定的长度后，在最后一个线圈中拉出下一个颜色的编线。
指定的长度
下一根编线

6 将其他线作为芯线，用下一根线重复步骤1、2。
拉向自己方向

绕线编

一圈一圈地绕线即可，可以在很短时间内编好一条手链。换色方法也很简单，请试着根据自己的喜好配色吧！

104

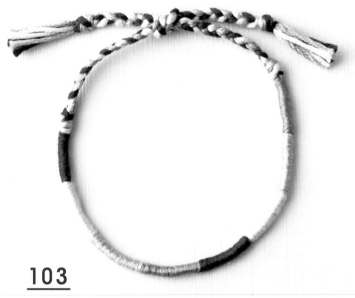

103

103、104
绕线编

Level ★☆☆☆☆

103[材料]

DMC 25号刺绣线

A : 抹茶色(988)60cm×2根
B : 浅芥末黄色(834)60cm×2根
C : 薄荷绿色(964)60cm×2根
D : 深粉色(718)60cm×2根

104[材料]

DMC 25号刺绣线

A : 深薄荷绿色(3849)60cm×2根
B : 橙色(352)60cm×2根
C : 蛋黄色(677)60cm×2根
D : 深绿色(500)60cm×2根

103

[成品尺寸]
约29cm

104

[成品尺寸]
约29cm

打1个结
三股辫
约8cm
打1个结
A 缠绕23圈 约1.6cm
B 缠绕23圈 约1.6cm
C 缠绕23圈 约1.6cm
D 缠绕23圈 约1.6cm
A 缠绕23圈 约1.6cm
B 缠绕23圈 约1.6cm
C 缠绕23圈 约1.6cm
D 缠绕23圈 约1.6cm
三股辫
约8cm
打1个结

约13cm

※为便于理解，使用粗线示范，同时只用1根线进行示范。

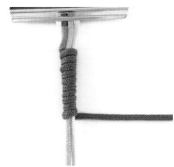

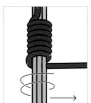

1 将刺绣线剪成指定长度，用夹子和透明胶带固定好。以任意7根线为芯线，用剩下的1根线一圈一圈地缠绕在芯线上。

2 要缠绕得紧密些，不要露出芯线。

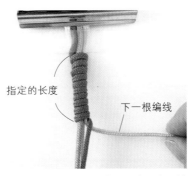

指定的长度

下一根编线

3 缠绕指定的长度后，换下一个颜色的编线继续缠绕。

4 继续按照相同的方法缠绕。

创意手链

105

+装饰

Level ★☆☆☆☆

在 p.56 的单向平结手链上
加个小吊饰，看起来更加
可爱。

106

107

圆环　　　　吊饰

※编结方法参见 p.57 作品 102。

[材料]
DMC 25号刺绣线
105 ▬：鲑鱼粉色（3833）60cm×3根、160cm×1根
106 ▬：浅紫色（554）60cm×3根、160cm×1根
107 ▬：薄荷绿色（964）60cm×3根、160cm×1根
通用：吊饰、圆环各1个

+ 手表

Level ★★★☆☆☆

编织一条稍粗的手链作为表带，使
金色的手表显得更加时尚、别致。

108

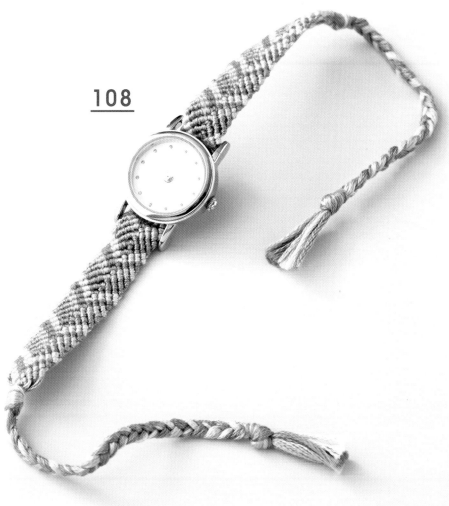

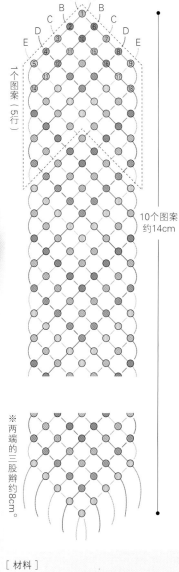

1个图案（5行）

10个图案
约14cm

※两端的三股辫约8cm。

[材料]

DMC 25号刺绣线

A ◐ ：灰紫色（ 3042 ）210cm×2根
B ● ：浅蓝色（ 156 ）210cm×2根
C ◑ ：浅粉色（ 225 ）210cm×2根
D ◐ ：橙色（ 352 ）210cm×2根
E ◔ ：浅黄绿色（ 966 ）210cm×2根
手表1个

109

Level ★★★★★

[材料]
奥林巴斯 25号刺绣线
⬤ ：天蓝色(2041)100cm×9根

109

[成品尺寸]
约30cm

65行
约14cm

※两端的三股辫约8cm。

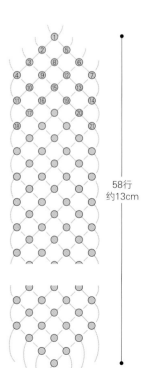

110

Level ★★★★★

[材料]
奥林巴斯 25号刺绣线
⬤ ：金黄色(546)100cm×8根

58行
约13cm

※两端的三股辫约8cm。

110

[成品尺寸]
约29cm

111

Level ⭐⭐⭐⭐⭐

[材料]
奥林巴斯 25号刺绣线
○：浅绿色（253）70cm×2根、
110cm×6根

112

Level ⭐⭐⭐⭐⭐

[材料]
奥林巴斯 25号刺绣线
●：深粉色（126）120cm×8根

70cm

110cm 110cm

将线结编织紧密

1个图案（7行）

8个图案
约13.5cm

※两端的三股辫约8.5cm。

111

[成品尺寸]
约30.5cm

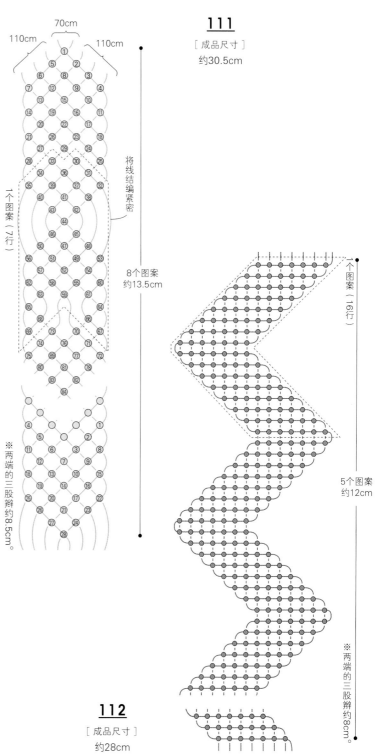

1个图案（16行）

5个图案
约12cm

※两端的三股辫约8cm。

112

[成品尺寸]
约28cm

MISANGA ZUKAN（NV70482）

Copyright © NIHON VOGUE-SHA 2018 All rights reserved.

Photographers: YUKI MIWA, NORIAKI MORIYA

Original Japanese edition published in Japan by NIHON VOGUE CO., LTD.,

Simplified Chinese translation rights arranged with BEIJING BAOKU INTERNATIONAL CULTURAL

DEVELOPMENT Co., Ltd.

版权所有，翻印必究

著作权合同登记号：豫著许可备字-2018-A-0113

图书在版编目（CIP）数据

用刺绣线编织的幸运手链112款/日本宝库社编著；如鱼得水译. —郑州：河南
科学技术出版社，2020.1（2021.9重印）
　　ISBN 978-7-5349-9715-0

　　Ⅰ.①用… Ⅱ.①日… ②如… Ⅲ.①绳结—手工艺品—制作 Ⅳ.①TS935.5

中国版本图书馆CIP数据核字（2019）第203460号

出版发行：河南科学技术出版社
　　　　　地址：郑州市郑东新区祥盛街27号　　邮编：450016
　　　　　电话：（0371）65737028　　65788613
　　　　　网址：www.hnstp.cn
策划编辑：刘　欣
责任编辑：张　翼
责任校对：金兰苹
封面设计：张　伟
责任印制：张艳芳
印　　刷：河南博雅彩印有限公司
经　　销：全国新华书店
开　　本：889 mm×1 194 mm　1/16　　印张：4　字数：100千字
版　　次：2020年1月第1版　　2021年9月第2次印刷
定　　价：39.00元

如发现印、装质量问题，影响阅读，请与出版社联系并调换。